设计汉堡城的厨师机器人

[韩] 柳京善 著
[韩] 金美善 绘
邓淑珏 译

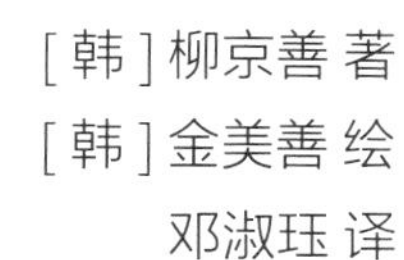

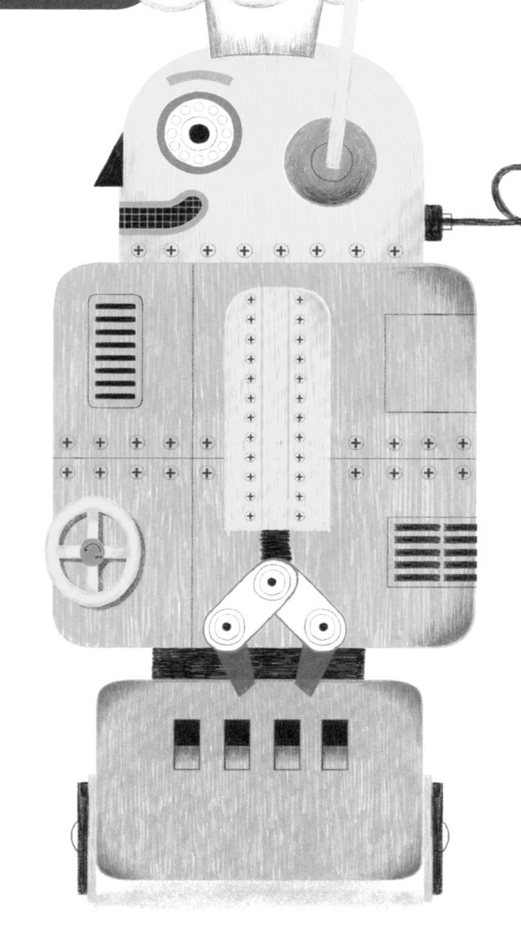

CTS 湖南科学技术出版社 · 长沙

登场人物

我是莉莉，今年六岁了，正在上小学一年级。我最喜欢将玩具进行整理分类。

大家好！我是小学三年级的小民，今年九岁了。我最喜欢数学。

我是住在程序王国的小骑士贝夫！我正在执行任务，保护王国免受病毒侵害。

小骑士贝夫

"控制"国王

"输入"公主

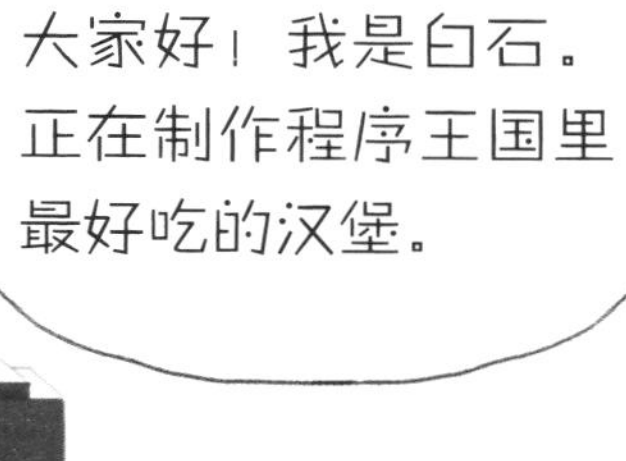

白石主厨

蠕虫病毒罗伊和罗亚兄弟

爸爸准备了笔
记本电脑。
史蒂夫·乔布斯
妈妈制作了
蛋糕。

为了庆祝小民的九岁生日，家人们欢聚在一起。
妈妈、爸爸和妹妹莉莉把准备好的生日礼物送给了小民。
但是，今天的主人公小民却有点不开心。
为什么呢？

第二天，小民和莉莉在用笔记本电脑挑选玩具。因为妈妈决定给闷闷不乐的小民买玩具。

但是奇怪的事情发生了！

突然，鼠标动不了了，键盘也无法正常工作。

小民歪着头，同时按下了键盘上的CTRL＋ALT＋DEL，试图强制关机。

控制键 交替换挡键 删除键

就在这个时候，笔记本电脑屏幕发出了强烈的亮光。

因为刺眼，小民和莉莉同时用双手捂住了眼睛。

过了一会儿，亮光笼罩着小民和莉莉，两个人瞬间被吸进了笔记本电脑里。

不知过了多长时间，小民和莉莉在一个陌生的森林里睁开了眼睛。

他们俩环顾四周，发现既安静又昏暗。

“哥哥，这是什么地方啊？”

“我也不知道。我们之前还在家里……”

刚才还在家用笔记本电脑的小民和莉莉现在究竟在哪儿呢？

莉莉看了看周围，突然发现一块指示牌。

“哥哥，这个好像是地图？”

“好像是这里的地图。我们一块儿来看看吧。”

小民和莉莉走近一看，发现地图上写着“程序[1]王国”。

1 程序：指计算机程序，是能被计算机识别和执行的指令，在计算机上运行。

程序王国
当前
位置
8
6
1
2

7
蠕虫病毒王国
5
4
3
N
W
E
S

这时，附近路过的一个孩子上前去跟小民和莉莉搭话：

“你们是不是迷路了？需要我的帮助吗？我是程序王国的小骑士，我叫贝夫。”

“你真的可以帮助我们吗？我叫小民。这是我的妹妹莉莉！”

小民和莉莉高兴地向小骑士贝夫问好，并讲述了他们是如何来到这个王国的。

听完两个人的故事后，贝夫露出了惊讶的表情：

“所以你们是从另一个世界来的？”

听了贝夫的话，小民和莉莉闷闷不乐地说：

“嗯，好像是这样的。我们第一次来到这个地方。我们想回家，你有什么办法吗？”

面对小民和莉莉的提问，贝夫回答道：

“糟糕！只有国王才知道去另一个世界的方法，但现在即使我们去了王宫也见不到国王。因为国王被入侵程序王国的蠕虫病毒[1]攻击后，生病了。虽然我也可以拜托‘输入’公主，但是公主也不在王宫。因为公主被蠕虫病毒一伙给抓走了。”

1 蠕虫病毒：计算机病毒的一种。计算机一旦感染这种病毒，就不能正常工作。

“糟了！难道病毒就这样夺取了程序王国吗？”莉莉开始担心起来。

贝夫回答道：“还有办法。要想治好国王的病，需要一种叫‘杀毒胶囊[1]’的药。如果国王痊愈了，就能击退病毒一伙，也可以救出公主！我正在去寻找‘杀毒胶囊’的路上。”

1 杀毒胶囊：用于计算机的“药物”。此处指杀毒软件，可以查杀计算机感染的病毒。

八座城市
领取任务
完成任
获得八颗珠子
制作“杀毒胶囊”

“那么如何才能得到‘杀毒胶囊’呢？”

“程序王国共有八座城市。在一座城市完成一个任务，就会得到一颗珠子。把这八颗珠子全部收集起来就可以制作‘杀毒胶囊’了！”

听完贝夫的话，莉莉眼里突然充满了希望说：

“我有个好主意。我们会帮助你获得‘杀毒胶囊’。但是‘杀毒胶囊’制作完成后，你能否帮我们问一问国王我们回去的方法？”

“好的！那你们就跟我一块儿去吧。如果任务完成并成功制作出‘杀毒胶囊’，我一定带你们去见国王。”

小民和莉莉回答道：

“好的，没问题！我们一起去吧。”

小民和莉莉为了制作出“杀毒胶囊”，和贝夫一起开启了任务之旅。

小民、莉莉和贝夫来到了第一座任务城市——汉堡城。

“莉莉快看！这座城堡建得像汉堡一样！”

“哥哥，冷静一点。我们不是来这里玩的。”

“是的，你说得对。没有时间了，我们先确认任务吧。”

小民、莉莉和贝夫为了确认任务，朝着汉堡城的方向走去。

汉堡城
100米
因为汉堡店的订单很多，所以制作汉堡的过程中经常会出错。
为了减少错误，我们制作了厨师机器人。
但因为没有给机器人下达指令，所以机器人还不能启动。
请把制作汉堡的过程编辑成程序，启动厨师机器人吧。
【留言】如果想完成任务，请将任务手表戴在手腕上。

小民、莉莉和贝夫不知不觉走到了汉堡城门口。
走近一看，发现那是一座很大很大的城堡。
“哥哥！贝夫！看那边，有一个指示牌。”
“真的啊！上边写着什么呢？”
“是不是任务内容呢？我们赶紧确认一下吧。”
他们三个人朝指示牌走了过去。
小民大声念着指示牌上的文字。

因为汉堡店的订单很多，所以制作汉堡的过程中经常会出错。

为了减少错误，我们制作了厨师机器人[1]。但因为没有给机器人下达指令，所以机器人还不能启动。

请把制作汉堡的过程编辑成程序，启动厨师机器人吧。

[附言]如果想完成任务，请将任务手表戴在手腕上。

1 厨师机器人：制作食物的机器人。

请把制作汉堡的过程编辑成程序，启动厨师机器人吧。
[附言]如果想完成任务，请将任务手表戴在手腕上。
1
2
3

“任务好像是启动厨师机器人。”

小民话音刚落，莉莉就紧接着问道：

“不是还说得佩戴任务手表[1]吗？那是什么？”

就在这时，三块闪闪发光的手表出现在小民、莉莉、贝夫的头顶上方。

“看来这就是任务手表！”

当贝夫指着其中一块任务手表时，那块任务手表就自动佩戴在贝夫的手腕上了。

小民和莉莉也伸出手，戴上了任务手表。

任务手表屏幕上显示了一条信息：

“请前往汉堡城。”

1 任务手表：程序王国用来完成任务的手表状装置。任务手表会给出与任务相关的提示，或收集与任务相关的资料，帮助大家查找正确答案。

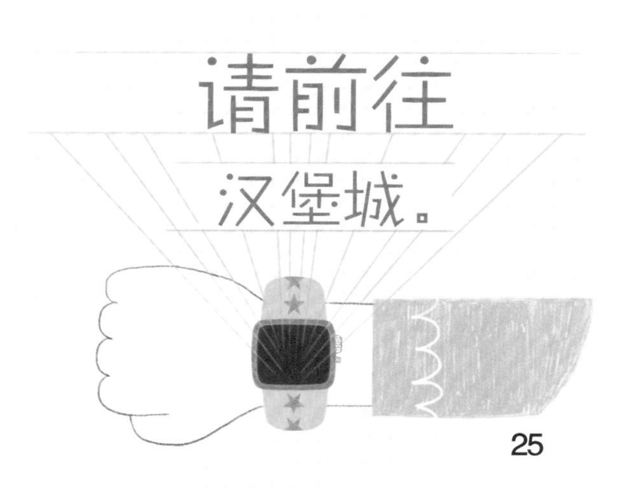

小民、莉莉和贝夫来到了城堡旁边的汉堡店。店里陈列着美味的汉堡，从收银台对面望过去，就可以看到厨房。

当大家环顾店内时，一个戴厨师帽的人向他们走了过来：

“你们是来执行任务的，对吗？我是这里的主厨白石。”

“没错！我们需要做什么呢？”

“戴上厨师帽，系好围裙跟我来。”

于是三人戴上厨师帽，系好围裙，跟在白石主厨身后。

菜单
手工汉堡
100%
烤肉汉堡
芝士汉堡
大虾汉
炸鸡汉堡
新品

开始
怎么没有芝士？
烤肉酱
番茄酱

“怎么没有芝士？”

一进厨房，白石主厨就提高了嗓门。因为他发现已经制作好的汉堡中，缺少汉堡材料。

看到白石主厨生气的样子，小民和莉莉惊呆了。

“太可怕了。好像大家都特别忙的样子。”

“嗯。好像是很多人分开制作的。”

突然，贝夫发现了什么：

“大家看看这个！这好像是食谱，上面写着制作汉堡的方法。”

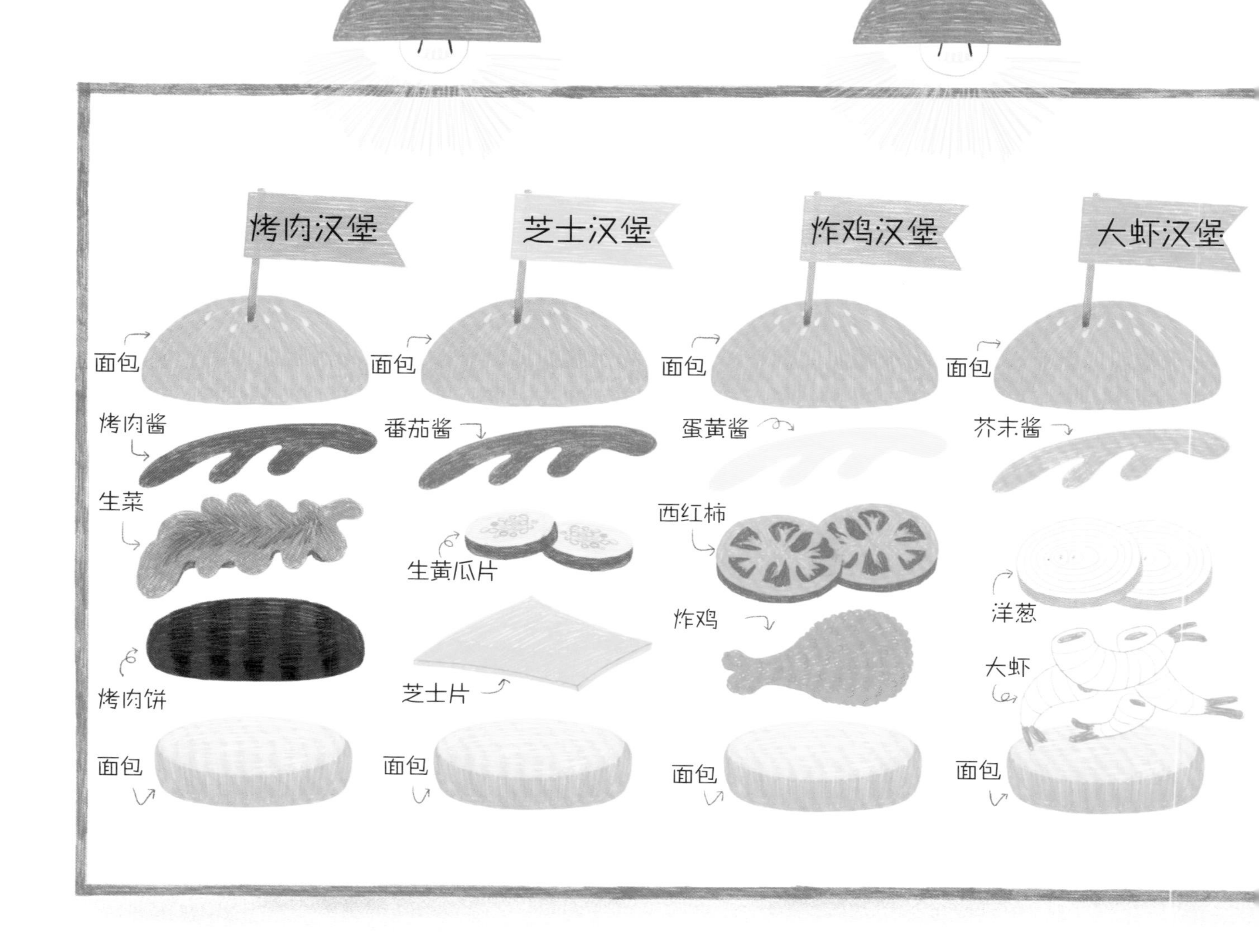

看到小民、莉莉和贝夫发现了食谱，白石主厨走过来说：

“是的。这就是食谱！要想启动厨师机器人完成任务，我们需要按照食谱制作汉堡。”

“我们店里的汉堡一共有四种，汉堡的种类不同，制作材料和调味酱也不一样。”

“汉堡的制作流程也是固定的吗？”

面对莉莉的提问，白石主厨点了点头。

“是的！必须按照食谱上要求的顺序进行制作。先把材料放在面包上，然后抹上调味酱，最后盖上面包就行了。”

“一个人得做完这么多汉堡吗？太难了！”

小民大吃一惊，白石主厨点了点头。

“当然，一个人制作这么多汉堡是很困难的，所以我们和很多厨师一起制作。”

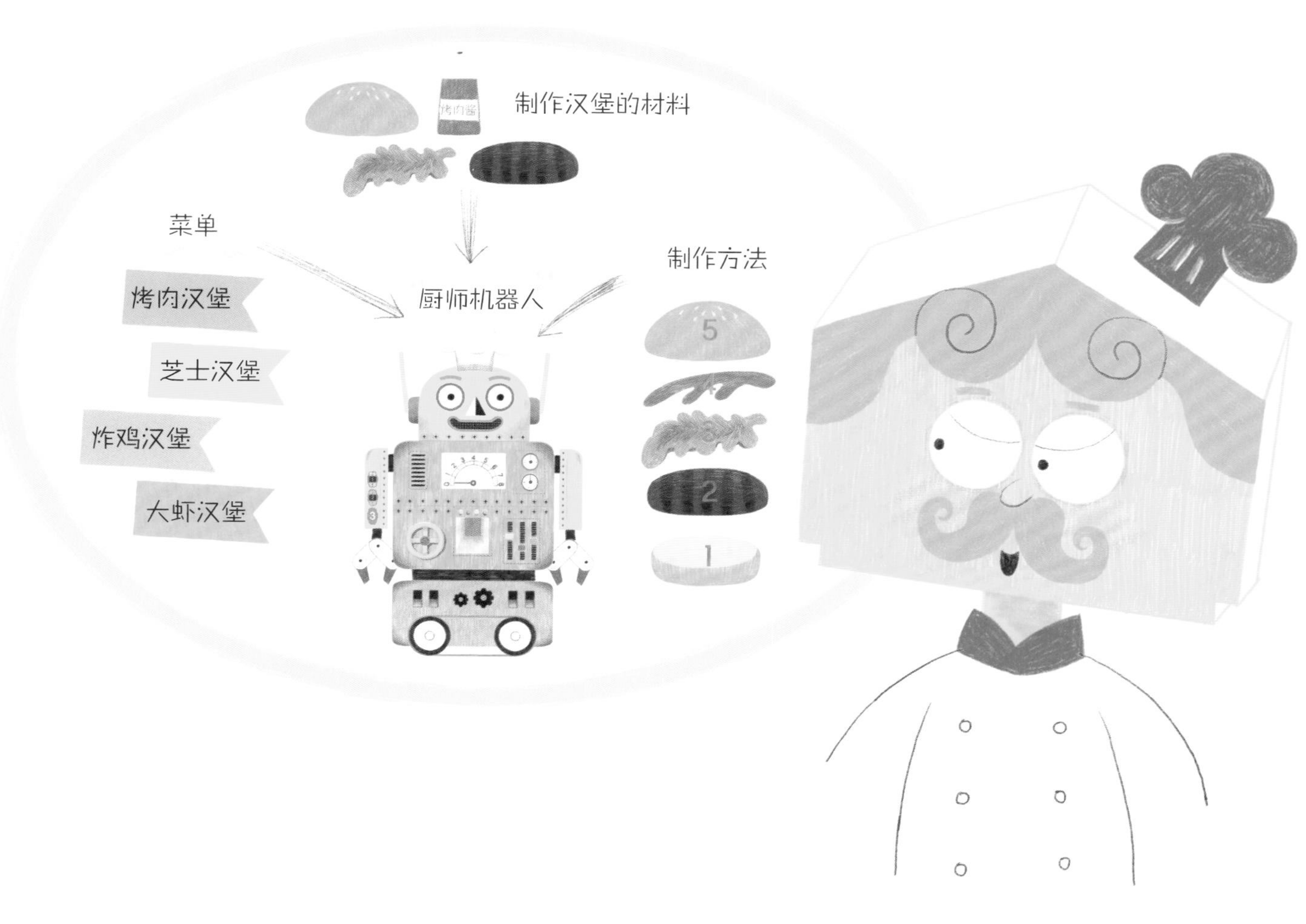

“厨师机器人可以代替我们制作汉堡吗？”

“当然可以。但是如果想要启动厨师机器人，首先需要告诉机器人制作汉堡的菜单和材料，还有放入材料的顺序等。”

听到主厨这番话，莉莉点了点头。

“参考食谱不就可以了吗？”

“是的，非常正确！大家先整理一下需要告诉厨师机器人的内容。店内可以随意参观。”

“白石主厨，谢谢您！”

小民、莉莉和贝夫坐在桌前，整理了刚才在厨房看到的物品。

“有四种汉堡：烤肉汉堡、芝士汉堡、炸鸡汉堡和大虾汉堡！”

“制作汉堡都用到什么材料呢？”

“材料有很多呢。番茄酱、蛋黄酱、烤肉饼、炸鸡块、面包、生菜、西红柿、生黄瓜片……”

他们将汉堡的种类及制作的材料认真地写了下来。

突然，莉莉的任务手表的屏幕闪烁了一下。

“咦？任务手表的屏幕亮了！”

“真的呢。看来它对我们的话题有了反应。”

大家看了看各自的任务手表，任务手表屏幕上出现“数据输入已完成。”这句话。

“我们一起来整理一下汉堡的制作流程吧？”

“参考食谱好像就可以了呢。”

汉堡制作流程

3 根据汉堡的种类，放上生菜、生黄瓜片、洋葱、西红柿等需要的材料。

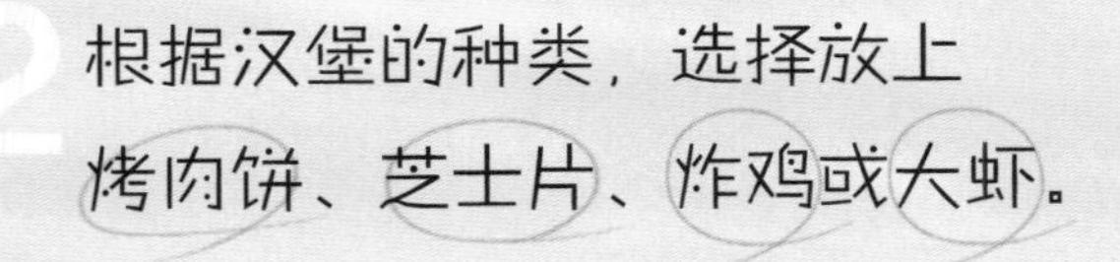

2 根据汉堡的种类，选择放上烤肉饼、芝士片、炸鸡或大虾。

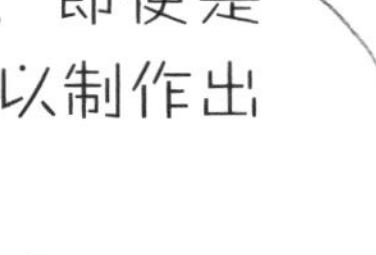

按照这个方法，即使是100个汉堡都可以制作出来呢！

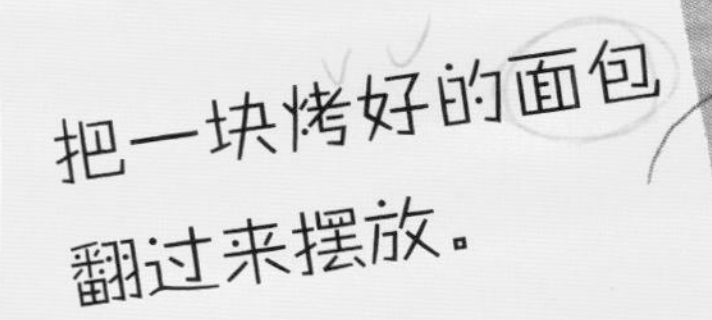

1 把一块烤好的面包翻过来摆放。

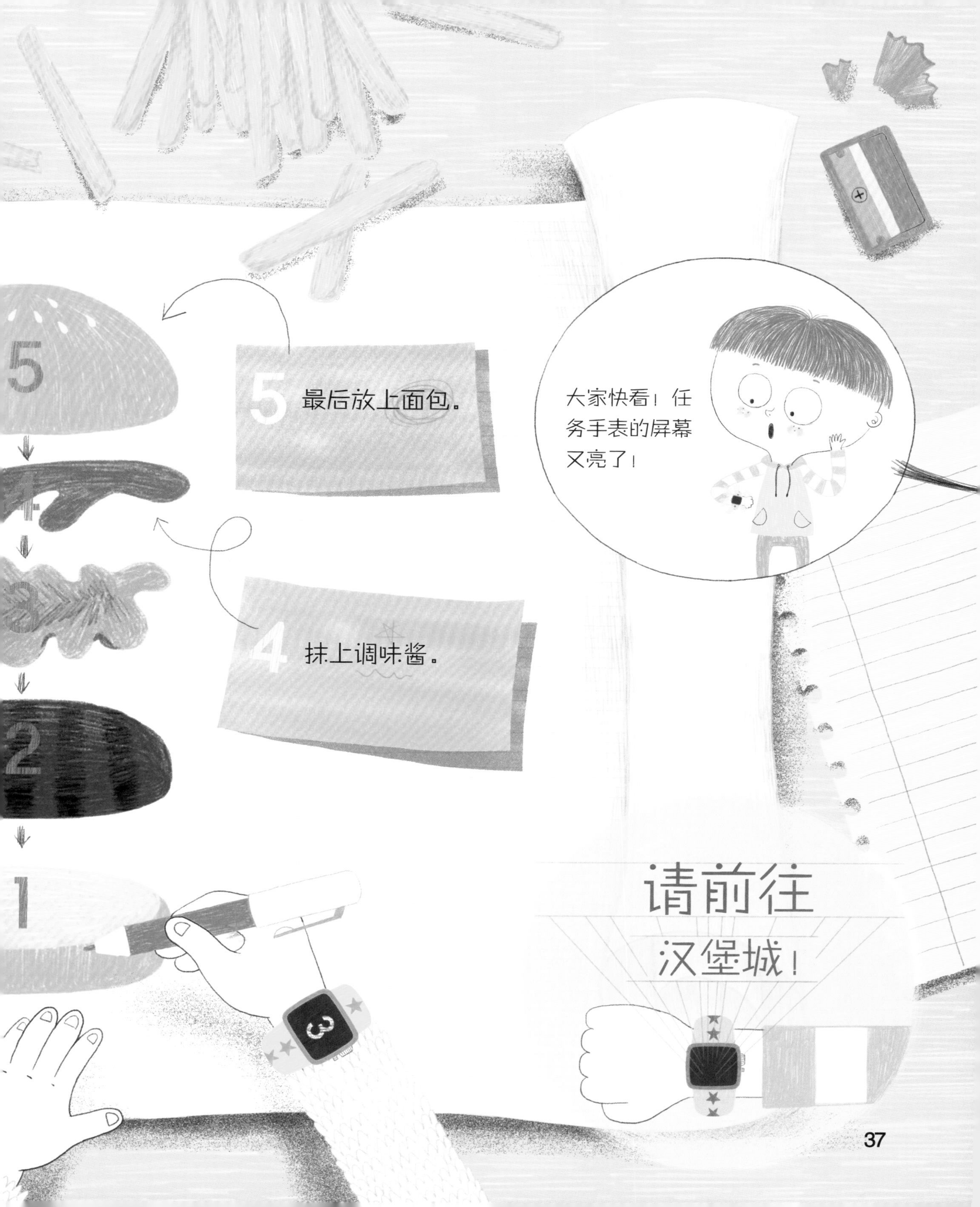
5
4
3
2
1
5 最后放上面包。
4 抹上调味酱。
大家快看！任务手表的屏幕又亮了！
请前往
汉堡城！
3

小民、莉莉和贝夫按照任务手表的指令重新回到了汉堡城。

城堡里站着一个厨师机器人。

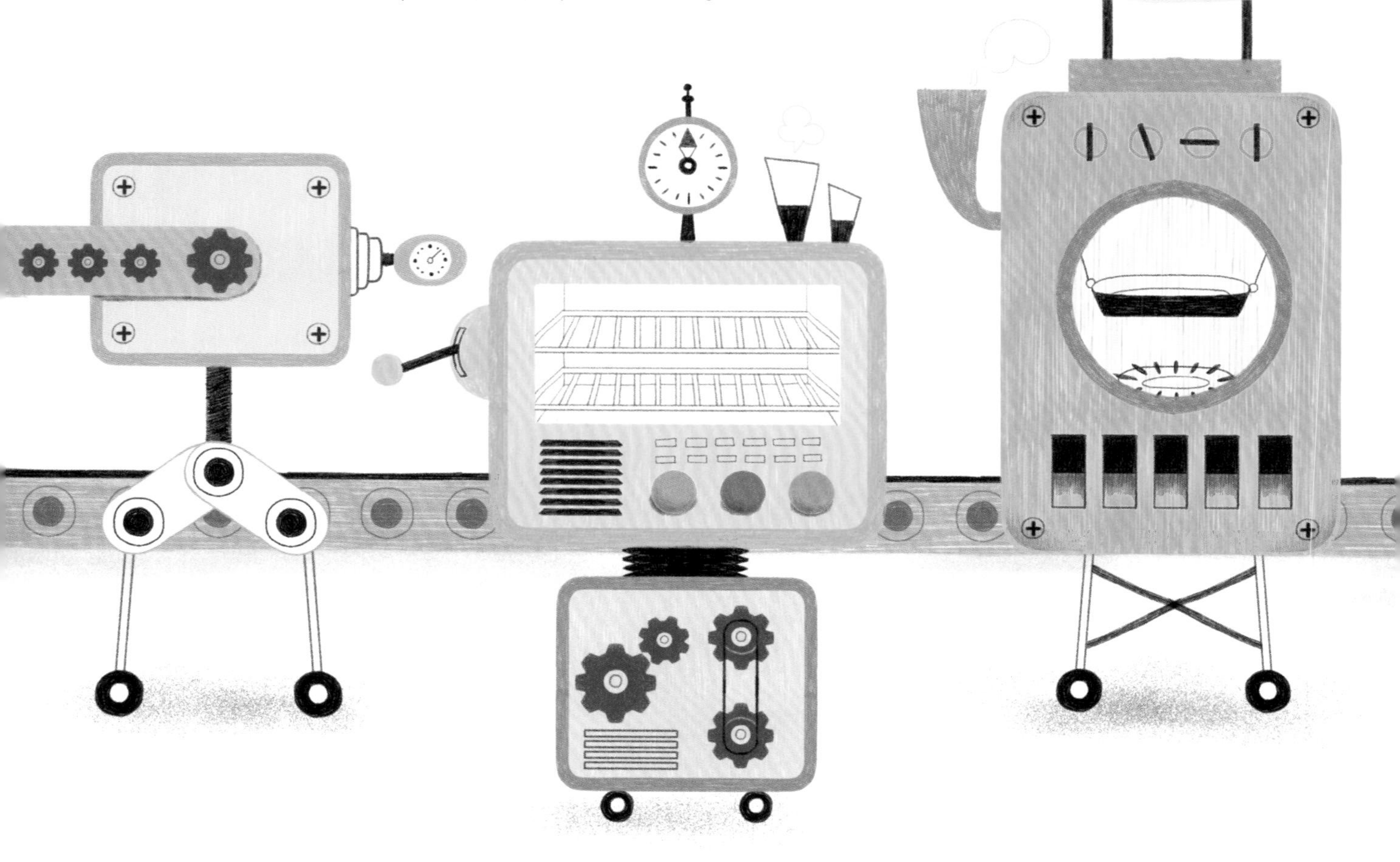

当他们走近机器人时，机器人自动开机了。

“开始执行任务。请把任务手表戴在厨师机器人的胳膊上。”

听到厨师机器人发出的指令后，他们立刻把任务手表戴在了机器人的胳膊上。

调味酱
关
开始执行任务
0
1
2
3
4
5
6
7
8
1
2
3
2
ON

厨师机器人戴上任务手表后，它又陆续发出了指令。

“请输入数据。”

“请输入汉堡材料。”

“请输入汉堡食谱。”

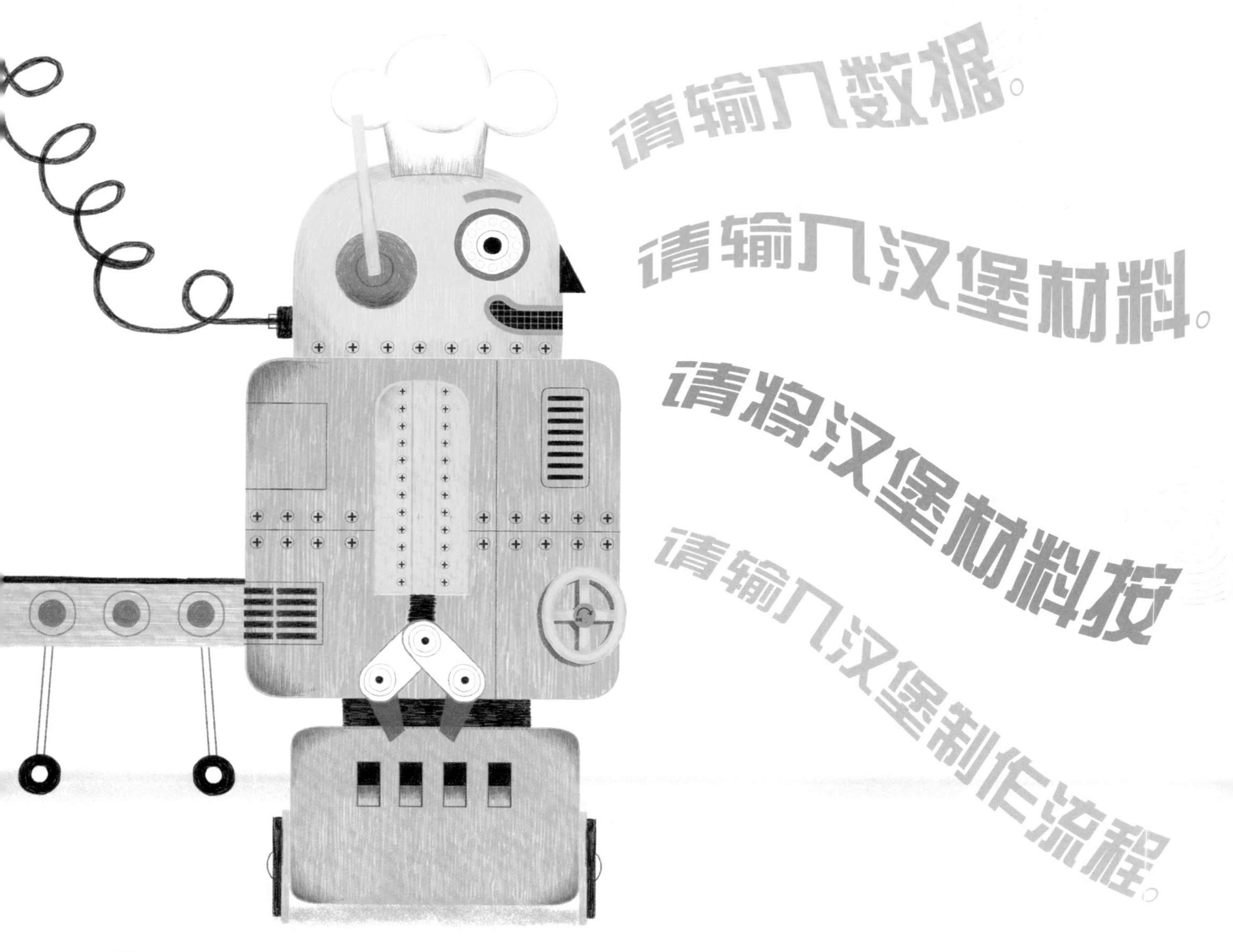

“请将汉堡材料按种类进行区分。”

“请输入汉堡制作流程。”

莉莉一边听厨师机器人的指令一边问小民：

“哥哥，数据是什么？”

“我也不太清楚，好像是需要输入的。”

听到两个人的对话，贝夫说：

“这应该是解决任务必不可少的过程。让我们把知道的物品逐一整理一下吧。”

任务是什么？

首先我们整理一下任务吧。

试着在下列框中写一写。

请参考第23页！

在哪里？

什么时候？

制作汉堡的时候。

谁？

小民、莉莉和贝夫。

为什么？

怎么做？

做什么？

这样整理后就很容易理解任务的内容了！
这个任务需要用什么方法解决呢？
试着在下列框中把自己的想法写出来。
请参考第33页！

解决汉堡城的任务

有什么问题呢？

任务是什么？

准备制作汉堡的材料。

按种类整理数据。

一起来编程吧。

我们周围的厨师机器人。

想一想解决问题的方法。

汉堡的制作过程是怎样的？

世界上最简单的汉堡制作方法。

制定算法。

给厨师机器人下达指令。

即使制作100个汉堡也没问题！

我是聪明的厨师机器人啊！

任何汉堡都可以放心交给我！

准备制作汉堡的材料

制作汉堡时，使用了什么材料呢？
我们一边查看食谱一边整理吧。

制作汉堡的材料

烤肉汉堡

面包+烤肉饼+生菜+烤肉酱+面包

芝士汉堡

面包+芝士片+生黄瓜片+番茄酱+面包

炸鸡汉堡

面包+炸鸡+西红柿+蛋黄酱+面包

大虾汉堡

面包+大虾+洋葱+芥末酱+面包

工作台上散落着各种各样的食材，
找到制作汉堡所需的材料，用圆圈圈出来。

这样整理后，

也很方便告诉厨师机器人哦。

现在我们需要告诉厨师机器人制作汉堡所需的材料。

如何告诉呢?

用计算机和机器人使用的语言进行沟通就可以了。

机器人和计算机将这类制作汉堡的材料统称为“数据”。

如果我们想让像厨师机器人一样的机器人制作汉堡,必须要有数据。

只要有数据,厨师机器人制作汉堡就非常容易了。

数据?制作汉堡的材料!

汉堡是用面包、主要食材、蔬菜、调味酱等材料制作而成的。将这些材料按顺序一层一层地叠放起来就能制成汉堡。在计算机术语里,这类制作汉堡的材料被统称为“数据”。就像要有面包、主要食材、蔬菜等材料才能制作汉堡一样,计算机需要有数据才能解决问题。另外,数据也指通过观察和测量收集到的事实或数值。例如,气象局的天气信息是数据,车站的公交车到达时间也是数据。

按种类整理数据

将制作汉堡的材料整理成数据后，我们试着将汉堡的种类也整理成厨师机器人能识别的数据吧。

查看菜单，在下面的框中填上汉堡的名字。

还记得制作汉堡的材料会随着汉堡的种类不同而有所区别吧？

将汉堡的种类整理成厨师机器人能识别的数据后，我们试一试将制作每种汉堡所需的材料也整理成数据吧。

将例子中的图片按种类进行分类。

我们用小火车排列数据吧。
这样很容易就知道制作汉堡所需的材料！
请参考第30页。

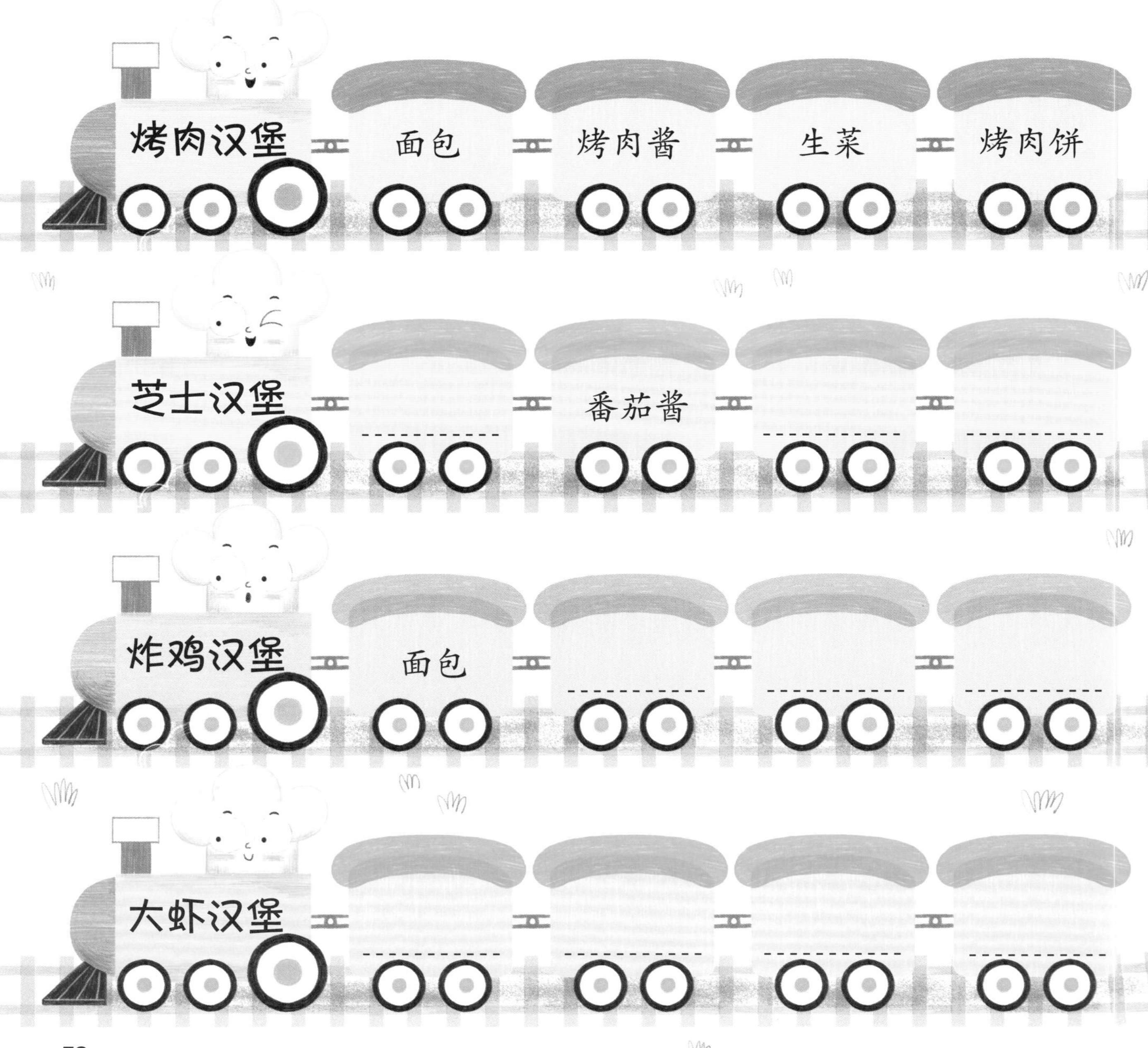

现在我们已经把汉堡材料按种类进行分类并整理好了。
还记得我们将这些材料称为“数据”吧?
像这样整理数据的过程，称为“数据处理”。

需要整理汉堡材料(数据)的原因

把汉堡材料按种类进行分类整理后，在制作汉堡时，就很容易找到相应的材料，对吧?数据也同样如此。在分析数据的过程中预先整理好数据，这样就可以在不同的地方使用数据了。这个过程称为“数据处理”。数据结构化的优点如下:

- 可以对数据进行系统的管理。
- 能够轻松找到需要的数据。
- 能够快速发现不足之处。

汉堡的制作过程是如何分解的?

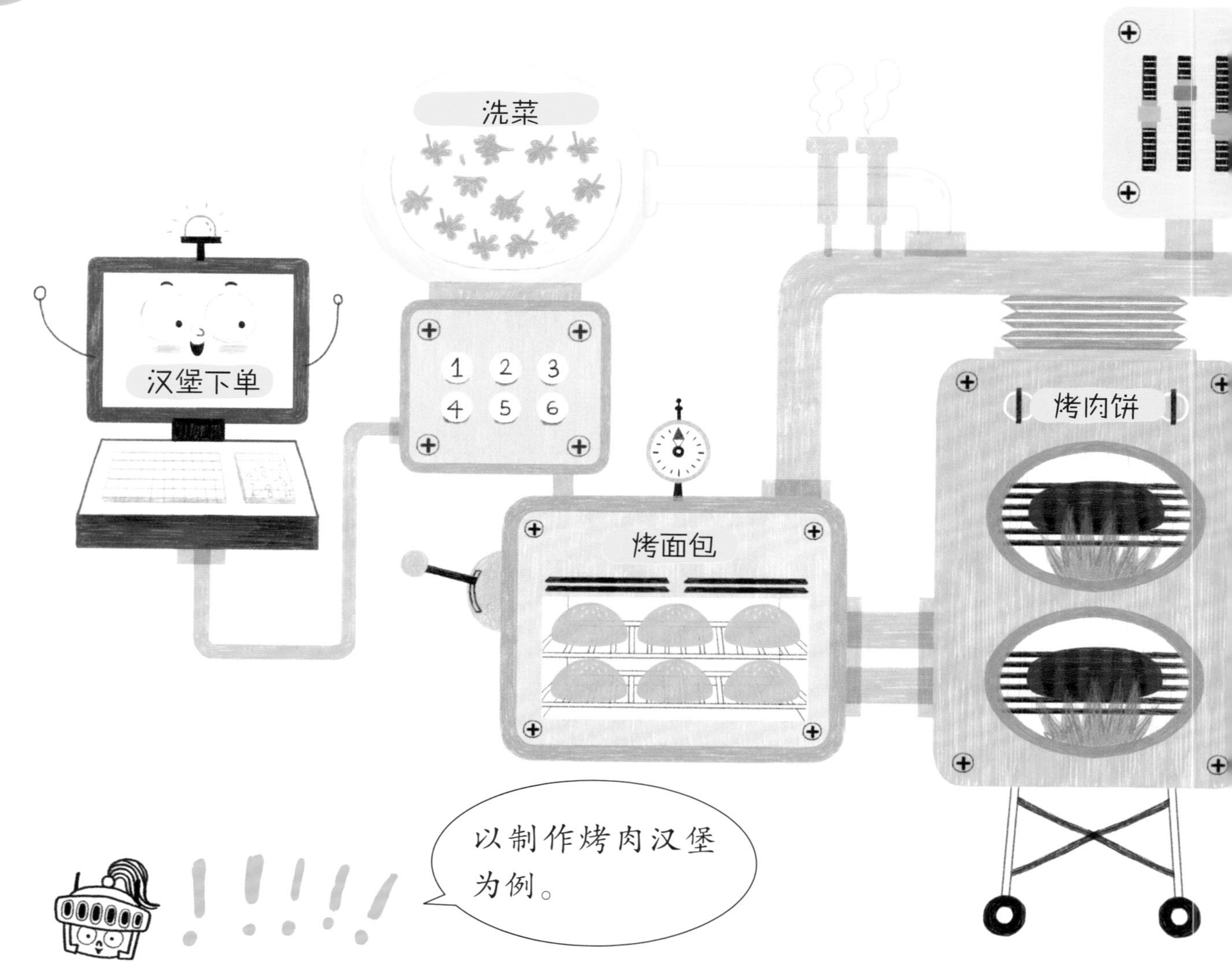

汉堡不是厨师一个人制作的。

而是按照规定的过程由很多人一起制作而成的。

那么汉堡是如何制作的呢?

在告诉厨师机器人之前，我们一起再来看看吧。

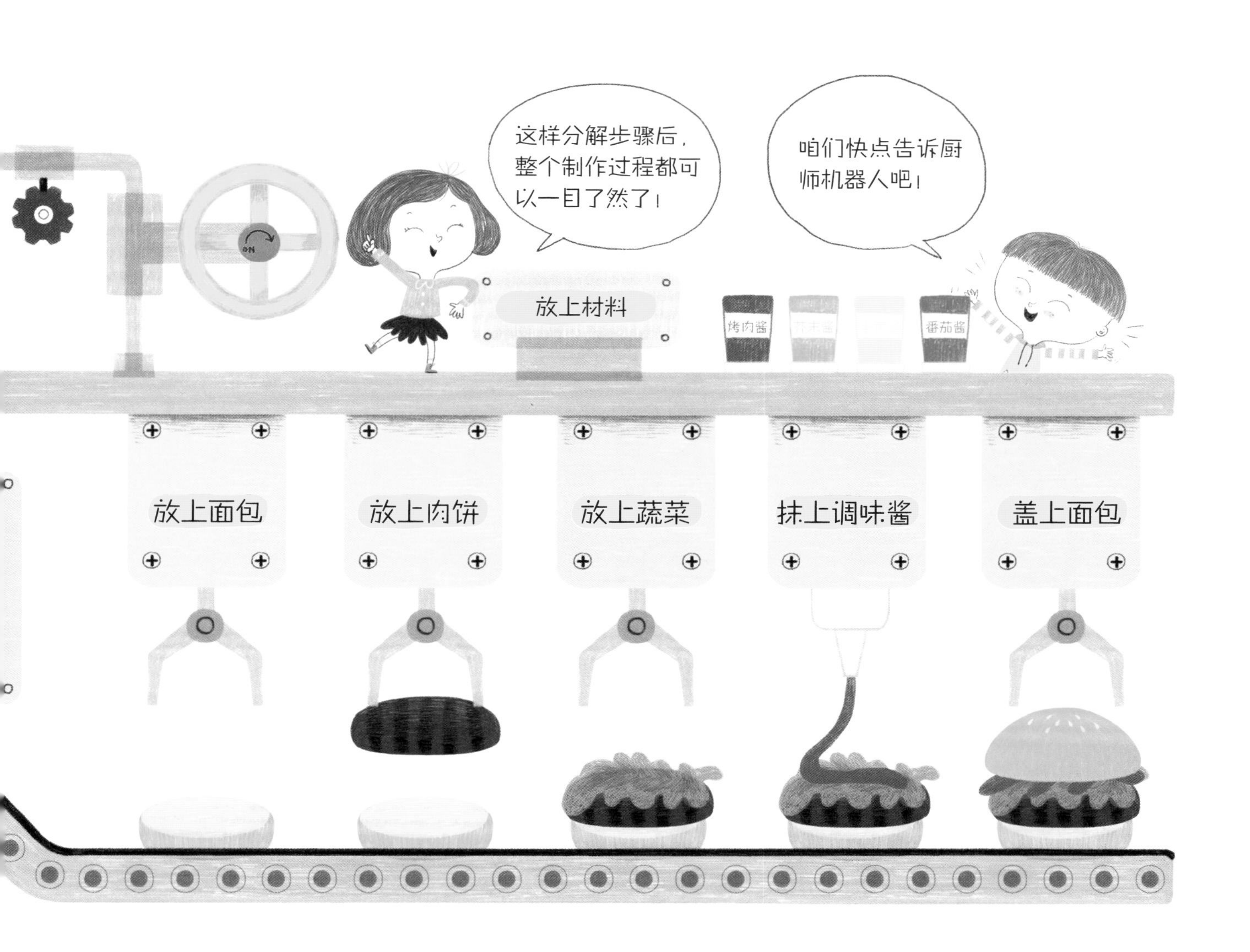

大问题拆分成若干小问题=问题分解

如果仔细查看汉堡的制作方法，就能准确掌握它的制作过程。将大问题按顺序和步骤拆分成若干个小问题，是问题分解的一种方法。养成分步思考问题的习惯有助于培养计算思维。把大问题分解就可以很容易掌握问题，解决起来也十分简单。

世界上最简单的汉堡制作方法

虽然汉堡的种类不同，制作材料也不一样，但是放置材料的顺序是一样的。

只要知道这个顺序，就能够更快地进行制作。

啊！少了一种材料！

需要什么材料呢？

请在右边的选项中挑选吧！

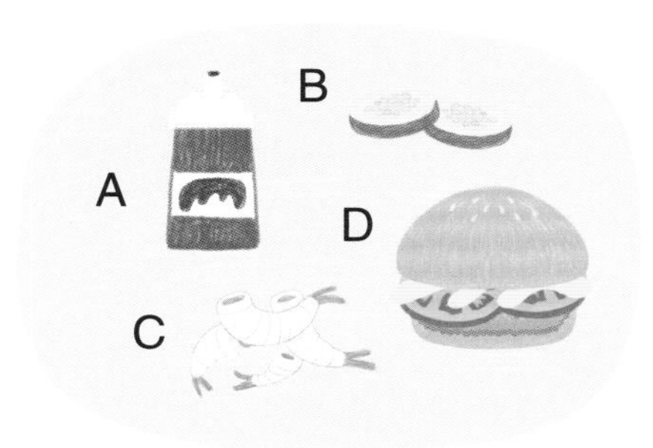

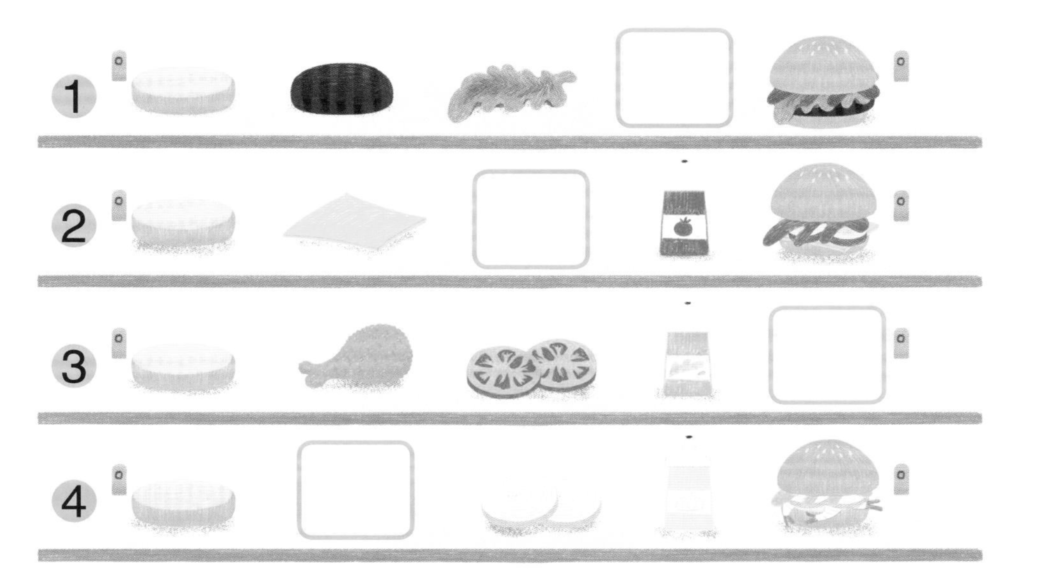

汉堡制作过程最小化=抽象化

这里是把汉堡制作过程像公式一样进行整理。这种把解决问题的必要因素和特点找出来，并通过提取共同特征，集合为一个概念或模型的过程，叫作“抽象化”。抽象化的工作方式有三种：

①将问题拆分（问题分解）

把问题分解为更容易解决的小问题。问题分解时注意不要重复或遗漏。

②将重复的动作或共同点进行分组

查找重复的动作或共同点，并找出解决方法。

③删除不需要的部分

在解决问题时，最好提前删除不需要的操作或动作。

给厨师机器人下达指令

现在我们试一试给厨师机器人下达指令吧？不难！

告诉厨师机器人制作汉堡的正确顺序就可以了。

这里有几个制作顺序错误的汉堡拼图，还有一个制作顺序正确的汉堡拼图，找出顺序正确的那个并圈出来！（以烤肉汉堡为例。）

请在蔬菜上面抹上调味酱
请在烤肉饼上面放上蔬菜
请将面包放在最上面
请在面包上面放上烤肉饼
请将面包放在最下面

请将面包放在最下面
请在烤肉饼上面放上蔬菜
请在面包上面放上烤肉饼
请在蔬菜上面抹上调味酱
请将面包放在最上面

请将面包放在最下面
请将面包放在最上面
请在面包上面放上烤肉饼
请在烤肉饼上面放上蔬菜
请在蔬菜上面抹上调味酱

请将面包放在最上面
请在蔬菜上面抹上调味酱
请在烤肉饼上面放上蔬菜
请在面包上面放上烤肉饼
请将面包放在最下面

将指令按正确顺序进行叠放，就可以制作出美味的汉堡了！

要想让厨师机器人按照正确的方法制作汉堡，就需要告诉它制作流程。

这时候我们就需要使用到“流程图”。

流程图是这样的。

确定制作烤肉汉堡吗?

放上烤肉饼。

制作汉堡的流程=算法

我们需要给厨师机器人输入“制作汉堡的流程”，这样按流程制作汉堡的过程，计算机术语称之为“算法”。算法的表示方法有多种，其中最简单的就是“流程图”。流程图是使用特定的图形符号加上文字说明来直观表示算法的方法。

参考：顺序结构是最基本且最简单的算法结构，按指令的先后顺序依次执行。

即使制作100个汉堡也没问题！聪明的厨师机器人！

订单终于来了！我需要制作一个烤肉汉堡。
现在开始给厨师机器人下达指令吧。

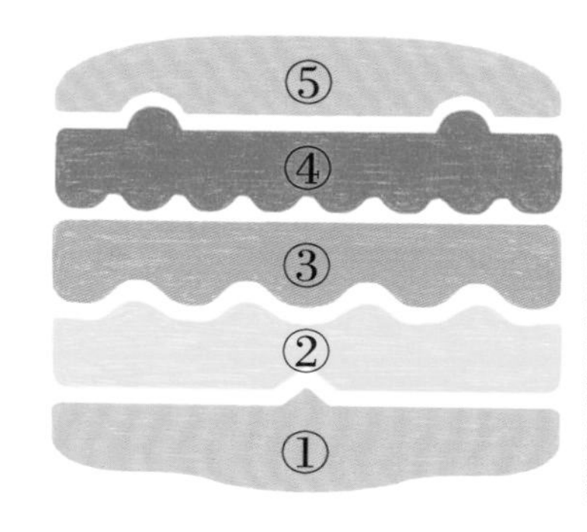

⑤请将面包放在最上面
④请在蔬菜上面抹上调味酱
③请在烤肉饼上面放上蔬菜
②请在面包上面放上烤肉饼
①请将面包放在最下面

哇！原来制作一个烤肉汉堡要下达 5 次指令！
啊！订单又来了。
这次要做 100 个烤肉汉堡。
再次给厨师机器人下达指令吧。

什么时候才可以做完100个汉堡啊？

天啊！制作一个汉堡时，只需要下达 5 次指令就可以了。
但制作 100 个烤肉汉堡就得下达 500 次指令。
我们一起找一找更简单的方法吧。
要怎么做才好呢？

用一次指令制作多个汉堡的“循环结构”

与下达 100 次“制作汉堡”的指令相比，下达1次“重复制作汉堡直到100个为止”的指令要容易很多。按照一定条件执行某些指令的结构被称为“循环结构”。

任何汉堡都可以放心交给我！

现在可以迅速制作 100 个烤肉汉堡了。

但如果接到制作各种汉堡的订单该怎么办呢？

别担心！让厨师机器人进行“选择”就可以了。

如果 ◆ 中的条件成立，就可以在 ▭ 中选择符合该条件的相应食材。

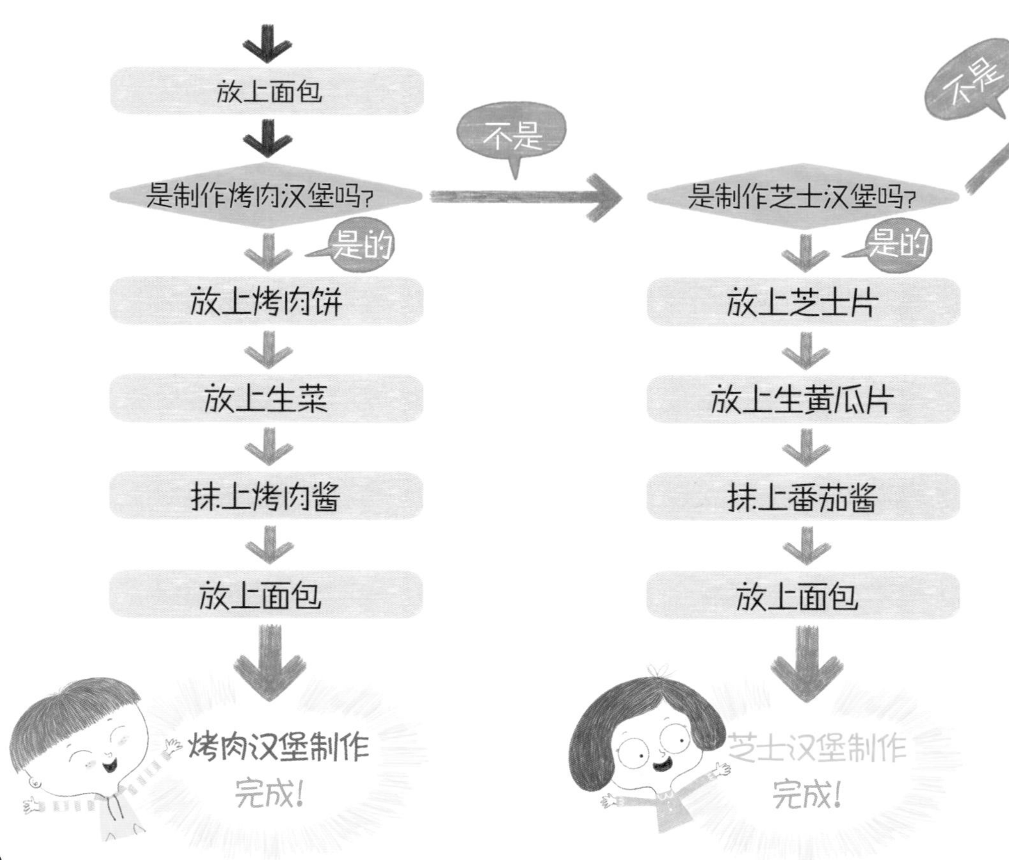

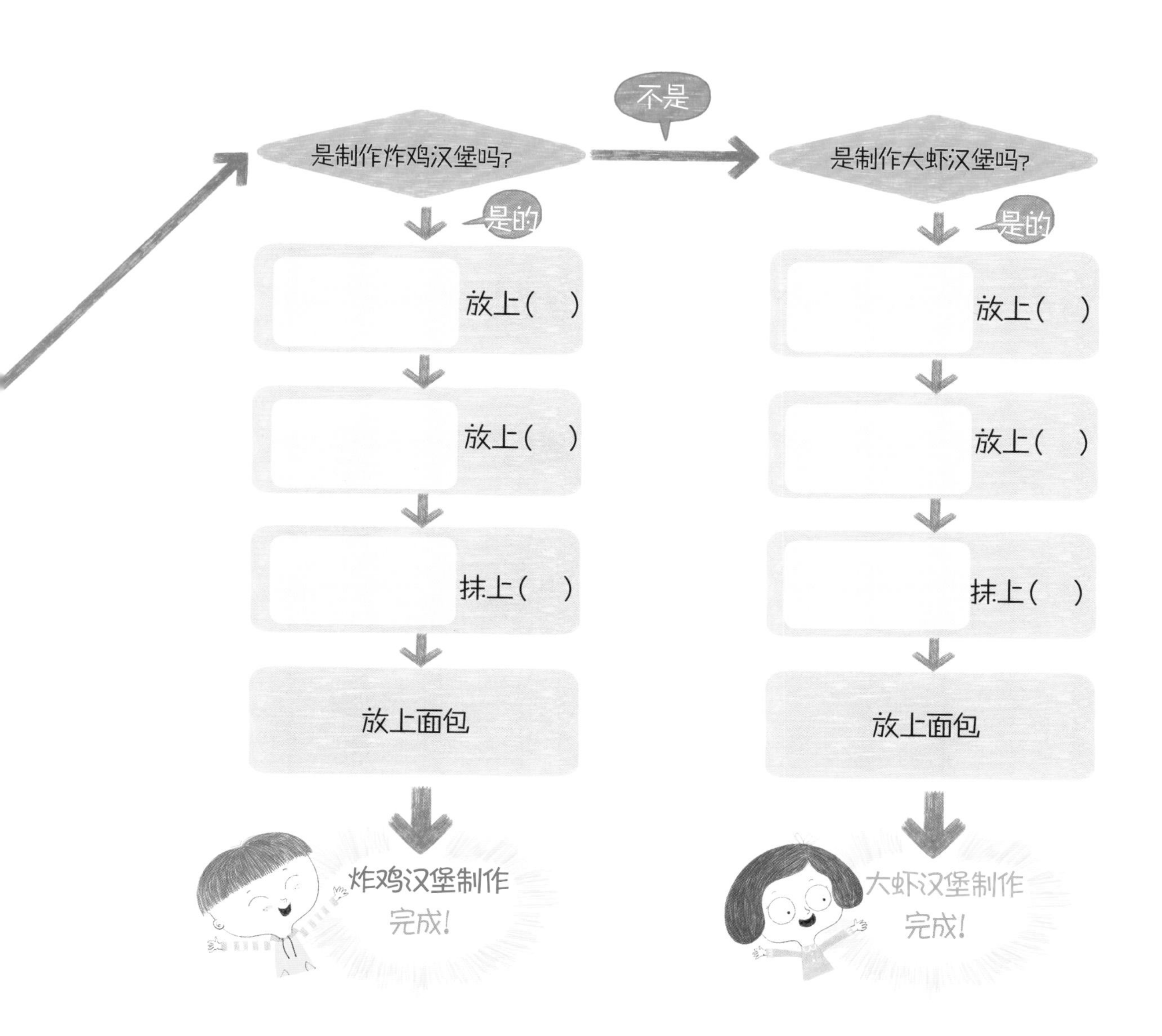

厨师机器人根据汉堡的种类选择食材的“选择结构”

每当汉堡的种类改变时，都要告诉厨师机器人改变的食材吗？不！厨师机器人根据汉堡的种类选择食材即可。例如：如果有烤肉汉堡的订单时，厨师机器人会自己选择制作烤肉汉堡的食材。简单吧？这种根据条件判断的结果选择执行相应指令的结构被称为“选择结构”。

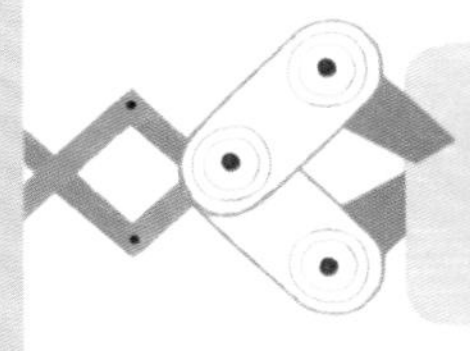

我们身边的厨师机器人

大家知道我们生活中也有厨师机器人吗？

它们都是根据我们目前学习到的原理设计而成的。

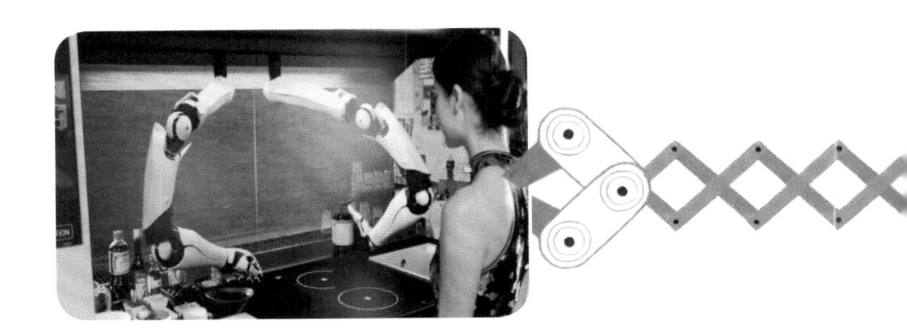

首先介绍2015年英国公司莫利机器人（Moley Robotics）研发的莫利机器厨房（Moley Robotics Kithen）。据说它可以制作两千多种食物，可以像个真正的厨师一样炒菜，很酷吧？

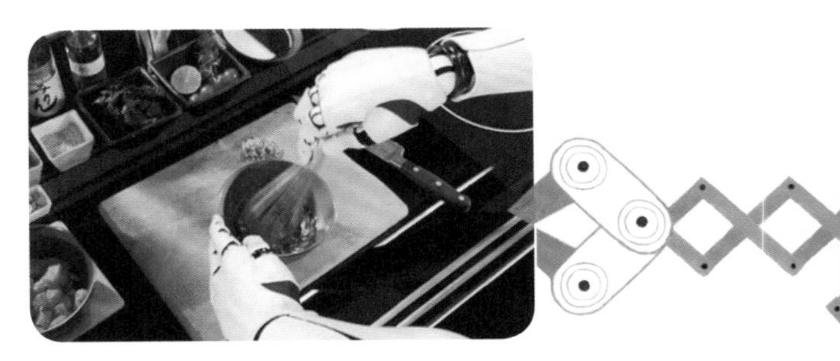

再来介绍由美国公司米索机器人（Miso Robotics）研发的弗利比（Flippy）机器人。

这是负责炙烤汉堡肉饼的机器人。因为有人工智能的支持，它能够把汉堡肉饼炙烤到合适的熟度后再交给人类同事。

用计算机语言进行沟通=程序设计

就像我们需要用厨师机器人能理解的语言下达指令一样，计算机也同样如此。只有用计算机语言下达指令，计算机才能够理解。计算机只认识由“0”和“1”组成的语言，即“机器语言”。为了便于与计算机沟通，人类设计了各种计算机编程语言。用计算机语言编写程序的过程也被称为“程序设计”或“编程”。

小民和莉莉在与贝夫一起仔细了解任务内容后，有了制作100个汉堡的信心。

于是，他们走到厨师机器人前，输入了整理好的数据。

几秒钟后，机器人发出了“任务完成”的声音，包装好的汉堡和一颗红色珠子就一起呈现在三个小伙伴的面前。

“大家快看！成功了！汉堡和珠子出来了！”

“但是这颗珠子有什么作用呢？”

小民和莉莉看了看贝夫，贝夫好像也不知道，只是摇了摇头。

“收集到所有珠子，会不会就知道答案了呢？既然第一项任务已经完成了，我们去下一个目的地吧！”

在蠕虫病毒王国，病毒们听说小民、莉莉和贝夫成功地完成了任务，都吓坏了，纷纷聚集在城堡里。

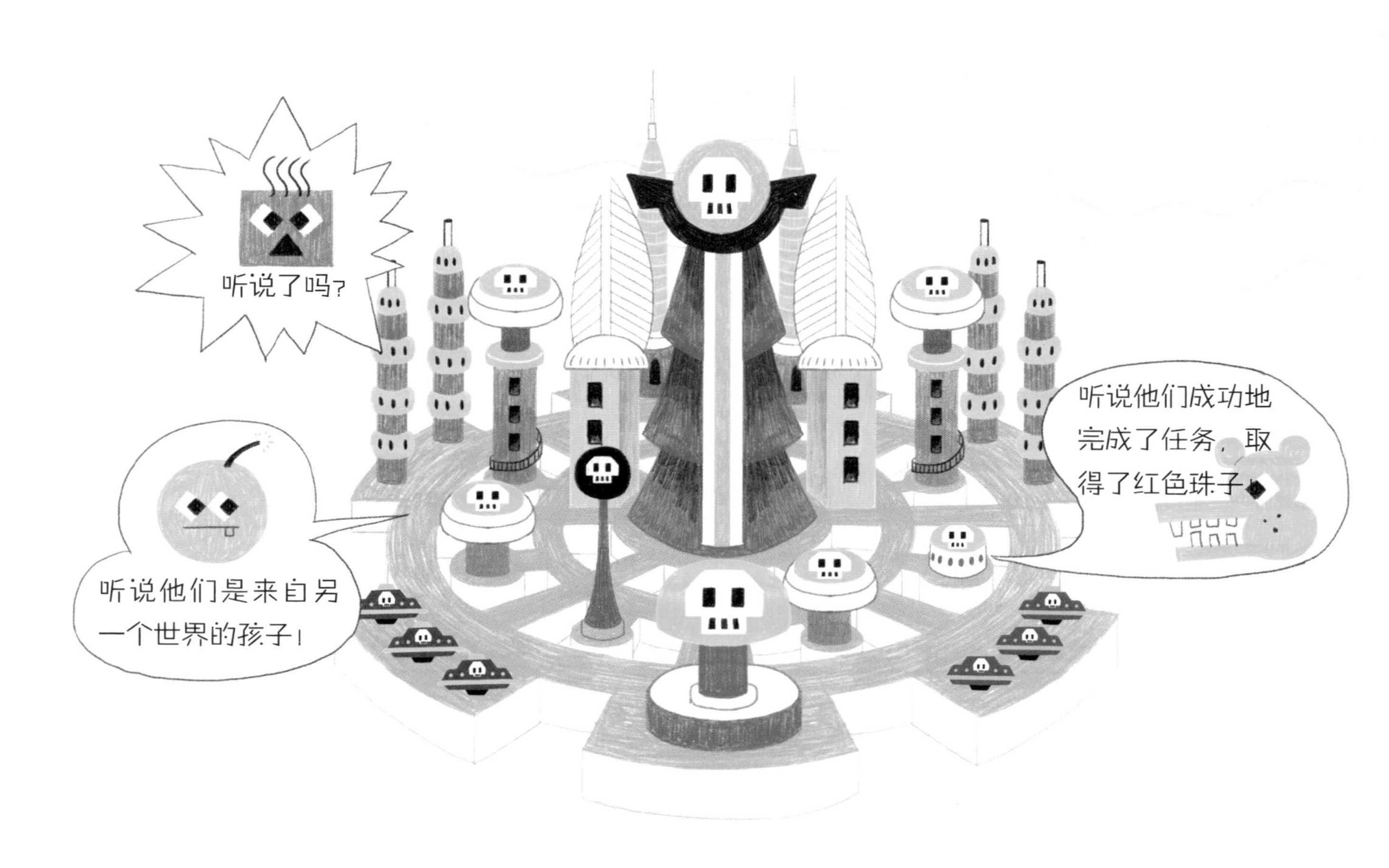

“大家都安静！”不知道是谁发出可怕的声音。

原来是领导蠕虫病毒王国的病毒兄弟罗伊和罗亚。

刚才还吵得不可开交的病毒们闭上了嘴，纷纷看着兄弟俩。

“现在还没到担心的时候，必须得阻止他们。魔镜魔镜告诉我：他们在哪里？”

罗伊用魔法给水晶球施了魔咒。

水晶球里立马出现了小民、莉莉和贝夫的模样，他们拿着红色珠子正在前往儿童乐园的路上。

“哈哈！他们正在去往儿童乐园呢。”

“咱们赶紧跟过去阻止他们吧。”

启动儿童乐园的超级计算机

顺利启动厨师机器人的小民、莉莉和贝夫到达了下一个任务地点——儿童乐园。但是……游乐设施怎么都一动不动呢？究竟发生了什么事情？

寻找古代神像的密码宝石

第三个任务地点是古代遗址！阿达·洛芙莱斯女神像的密码宝石不见了！听说嫌疑人就在古代遗址的古代部落原住民中……小民、莉莉和贝夫能否顺利完成任务呢？

写给家长的话

本书分为多个活动场所，孩子们可以在其中学习和编程有关的概念。活动场所的每个环节都包含让孩子们学习一种或多种编程概念的活动。此外，为避免家长指导困难，我们在每个环节的末尾都设立了“计算思维能力UP！”栏目。

任务是什么？（见第42页）

这是以故事为基础，找出问题并思考解决方案的环节。为了培养孩子的计算思维，问题解决过程中的各个阶段都有详细的指导说明。

准备制作汉堡的材料（见第46页）

该环节是收集数据的环节。通过这个环节，可以学习到解决问题时收集所需数据的方法。如果想让厨师机器人快速准确地制作汉堡，需要什么指令呢？要解决这个问题，首先得收集菜单中汉堡的种类和制作汉堡的食材的相关信息，这些信息就是数据。请帮助孩子类推收集信息的过程。

按种类整理数据（见第50页）

如果已经理解了数据的概念，那么接下来就到了找出数据之间的关联性、通过逻辑思考来解决问题的环节。在此环节中，我们将开展“数据分析”活动，将上一环节找到的数据按照种类和特点进行分类。提示：为了有效地管理和使用数据，根据数据的特性对数据进行分类、存储和处理的所有过程都被称为“数据处理”。

汉堡的制作过程是如何分解的？（见第54页）

这是把大问题分解成一个个可以解决的小问题的“问题分解”环节。通过观察，将汉堡的制作过程分解成小问题，就可以学习到轻松解决复杂问题的方法。

世界上最简单的汉堡制作方法（见第56页）

把解决问题的必要因素和特点找出来，并通过提取共同特征，集合为一个概念或模型，这一过程叫作“抽象化”。在问题中寻找重复的规律或共同点，将其合并使程序简化是抽象化的方法之一。在这个环节中，我们将学习汉堡制作过程中存在的规则和共同点并将过程简化的方法。

给厨师机器人下达指令（见第58页）

为解决问题，按照顺序排列需要执行的步骤而下达的指令，称为“算法”。在这个环节中，孩子可以自己当主厨，罗列出汉堡的制作过程，并给厨师机器人下达指令。通过该过程，孩子可以掌握编程的基本结构——顺序结构。

即使制作100个汉堡也没问题！聪明的厨师机器人！（见第60页）

如果同一指令重复多次，那么按顺序罗列出指令并不是高效的编程。为了高效地编程，需要将指令最大限度地减少。为此使用到的就是“循环结构”。按照一定条件执行某些指令的结构被称为“循环结构”。这有助于实现高效编程。请一定要让孩子们认识到使用循环结构是高效的编程方式。

任何汉堡都可以放心交给我！（见第62页）

应用程序要应对各种情况，必须有根据不同情况执行的不同指令。为此，我们需要的就是“选择结构”。根据条件判断的结果选择执行相应指令的结构被称为“选择结构”。当下达制作汉堡的指令时，机器人可以通过选择不同的材料制作汉堡。

我们身边的厨师机器人（见第64页）

讲述了像制作汉堡的厨师机器人一样，现实生活中运行的厨师机器人——莫利机器厨房和弗利比的故事。在该环节中，通过观察实际存在的机器人案例，帮助激发孩子利用计算机系统解决身边问题的动力。第65页中有提及，计算机语言是由“0”和“1”组成的。

为我的孩子准备的第一本计算机教育图书

我是两个孩子的妈妈，同时也是一名每天和不同个性的孩子朝夕相处的小学计算机老师。以计算机为核心的第四次工业革命时代正在到来。我们的孩子生活的世界，是一个需要创造性和计算思维的世界。对于开始接受计算机教育的孩子究竟需要什么样的教育方式这一问题，我陷入了深深的思考。而作为一位希望我们的孩子都能过上更加幸福的生活的母亲，我对此更加苦恼了。

当“计算机教育=编程教育”的错误认识引起所有人的关注时，我决定开始着手这本书的编写工作，希望能帮助孩子培养逻辑思维习惯，帮助他们解决问题，而不是单纯地掌握编程技能。我期待孩子们通过阅读这本书，可以自己认识问题，收集并分析必要的数据（信息），使之成为可以解决问题的新数据形式。为此，我按阶段进行编写，先将过程分解，再进行一般化的处理，以便孩子们能够学习解决问题的思维过程。希望这本书能够成为我的孩子必读的第一本计算机教育图书，在此，想对唤醒我心灵的民赫和莉媛，以及与我同甘共苦并成为我最坚强后盾的丈夫，表达我的感谢之情。

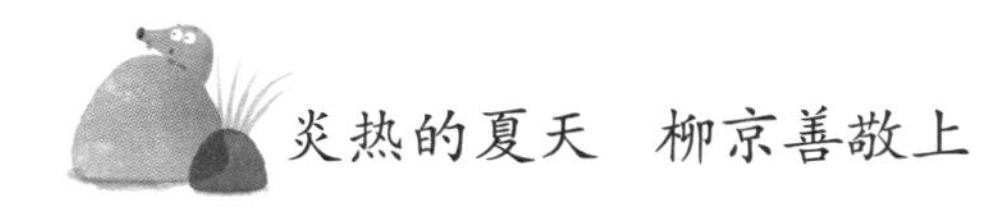

图书在版编目（CIP）数据

程序王国的冒险．01，设计汉堡城的厨师机器人 /（韩）柳京善著；邓淑珏译．—长沙：湖南科学技术出版社，2024.4

ISBN 978-7-5710-2087-3

Ⅰ．①程… Ⅱ．①柳… ②邓… Ⅲ．①程序设计—少儿读物 Ⅳ．① TP311.1-49

中国国家版本馆 CIP 数据核字（2023）第 040550 号

CHENGXU WANGGUO DE MAOXIAN 01 SHEJI HANBAOCHENG DE CHUSHI JIQIREN
程序王国的冒险 01 设计汉堡城的厨师机器人

著　　者：［韩］柳京善
绘　　者：［韩］金美善
译　　者：邓淑珏
出 版 人：潘晓山
责任编辑：杨　旻　李　霞
营销编辑：周　洋
封面设计：李　庄
出版发行：湖南科学技术出版社
社　　址：长沙市芙蓉中路一段 416 号泊富国际金融中心
网　　址：http://www.hnstp.com
湖南科学技术出版社天猫旗舰店网址：
http://hnkjcbs.tmall.com
邮购联系：本社直销科 0731-84375808

印　　刷：长沙市雅高彩印有限公司
（印装质量问题请直接与本厂联系）
厂　　址：长沙市开福区中青路1255号
邮　　编：410153
版　　次：2024 年 4 月第 1 版
印　　次：2024 年 4 月第 1 次印刷
开　　本：880mm × 1230mm 1/16
印　　张：4.75
字　　数：74 千字
书　　号：ISBN 978-7-5710-2087-3
定　　价：48.00 元